自然地貌大透視

新雅文化事業有限公司
www.sunya.com.hk

大開眼界小百科
自然地貌大透視

作者：欽齊亞・邦奇（Cinzia Bonci）、維羅妮卡・佩雷格里尼（Veronica Pellegrini）、
阿爾貝托・羅希尼（Alberto Roscini）、馬里奧・托齊（Mario Tozzi）

插圖：亞哥斯提諾・特萊尼（Agostino Traini）

翻譯：張琳

責任編輯：陳友娣

美術設計：何宙樺

出版：新雅文化事業有限公司

香港英皇道499號北角工業大廈18樓

電話：(852) 2138 7998

傳真：(852) 2597 4003

網址：http://www.sunya.com.hk

電郵：marketing@sunya.com.hk

發行：香港聯合書刊物流有限公司

香港新界大埔汀麗路36號中華商務印刷大廈3字樓

電話：(852) 2150 2100

傳真：(852) 2407 3062

電郵：info@suplogistics.com.hk

印刷：中華商務彩色印刷有限公司

香港新界大埔汀麗路36號

版次：二〇一七年七月初版

版權所有・不准翻印

ISBN: 978-962-08-6864-1
© 2005 Franco Cosimo Panini Editore S.p.A. – Modena - Italy
© 2017 for this book in Traditional Chinese language - Sun Ya Publications (HK) Ltd.
Published by arrangement with Atlantyca S.p.A.
Original Title: Il Pianeta Terra
Text by Cinzia Bonci, Veronica Pellegrini, Alberto Roscini, Mario Tozzi
Original cover and internal illustrations by Agostino Traini
18/F, North Point Industrial Building, 499 King's Road, Hong Kong
Published and printed in Hong Kong.

嘿！你準備好跟我一起去旅行了嗎？

　　在這趟旅程中，我貓頭鷹導遊將帶你去認識我們所居住的地球。它是如何誕生的呢？地球上的各種地貌，就像山脈、海洋、河流、湖泊、山谷、平原和沙漠，它們又是怎樣形成的呢？還有火山和地震，為甚麼它們會出現呢？它們對人們的生活有什麼影響？就讓我們一起上山下海，逐一探索吧！

　　如果你覺得我的講解有些複雜，那就請你仔細看插畫，你會發現一切都變得容易許多。為了幫助理解，我還把難懂的詞語變成了紅色：如果你遇到這樣的詞彙，而你不知道它的意思，就請翻到「詞彙解釋」這一頁上去尋找答案。

　　另外，在看完每一章後，我們都可以稍作休息，利用每章末尾的圖或提示文字回顧一下旅程中的一些重點。

祝你旅途愉快！

目 錄

地球 **p.7**

火山 **p.19**

山脈 **p.31**

海洋 **p.43**

河流與湖泊 **p.55**

山谷與平原 **p.67**

沙漠 **p.79**

地震 **p.91**

地球

根據古希臘神話的說法，地球最初是一片混沌的狀態。在這片混沌之中，歐律諾墨女神（Eurynome）出現了，她想在這裏跳舞，但找不到能夠擺放雙腳的地方。於是，她伸手一劃，便將海洋與天空分開。然後，她創造了一個蛇形的神，給他取名俄菲翁（Ophion）。他們結合後，生了一顆蛋。蛇形的俄菲翁將那顆蛋團團纏住，直到從蛋裏孵出了神奇的宇宙萬物——太陽、月亮、山脈和河流，還有花草樹木等各種生物。此外，俄菲翁的牙齒掉到土地上，生出了人類。

地球的起源各有各的說法，你對我們身處的地球有多少認識呢？它是怎樣構成的呢？趕快翻到下一頁看看吧！

太陽

地球

地殼　　岩漿

水蒸氣

　　地球並不是一個完美的球體，它的兩頭稍扁，中間略寬，有點像橢圓形。這與地球在四十六億年前形成的方式有關。

　　幾十億年前，宇宙中可能散布着許多塵埃和氣體，這些物質組成一個雲霧狀的天體。它像一個圓盤，以飛快的速度旋轉，同時吸入周圍的物質，使自己變得越來越大，而中心又不斷壓縮，使中心溫度上升，後來形成了一個扁平的碟狀物 —— 原始太陽。這個雲霧狀的天體繼續轉動，擴散成更大的圓盤，而當中的物質又在互相碰撞和結合之下，形成了太陽系中多顆原始行星，其中一顆就是地球。

　　在地球體積不斷增大的同時，由於無數微粒逐漸堆積在一起，互相擠壓，使地球內部中心的溫度不斷升高，固體物質開始變成熔融狀態，形成了岩漿。

8

到大約在三百五十萬年前，地球開始慢慢冷卻，岩漿變成堅硬的岩石，形成了地殼。最表層的岩石釋放出大量的水蒸氣，這些水蒸氣升到天上，形成巨型雲團。隨後開始降雨，這場雨竟整整下了幾千年！大量的雨水在地殼上積聚，覆蓋了部分地殼，於是形成了海洋。

貓頭鷹告訴你

很久很久以前，有一段時期，人們以為地球是一個靜止的平面，處於宇宙的正中央，而宇宙中所有的星球，包括太陽，都圍繞着地球旋轉。直到五百多年前，科學家才發現，地球原來是圓的，而且會不停地自轉（轉一圈就是一天），以及圍繞着太陽公轉（轉一圈就是一年）。

又過了一段時期，在地球周圍形成了大氣圈（又叫大氣層），也就是一圈由氣體組成、包圍在地球外面的圈層，能阻隔大部分射向地球的太陽光線。

大氣圈可以分為幾層，最高、離我們最遠的那一層叫散逸層，它距離地球表面約有一千公里！而距離我們最近的那一層就叫對流層，它的主要成分是氧氣。氧氣對我們很重要，是我們維持生命的必要條件之一。如果沒有了對流層，人類、動物和植物將無法生存，也不會有風、雲、雨等等。

據人類目前所知，地球是惟一明確存在生命體的行星，而地球上最早的生命體大約出現在四十億年前。

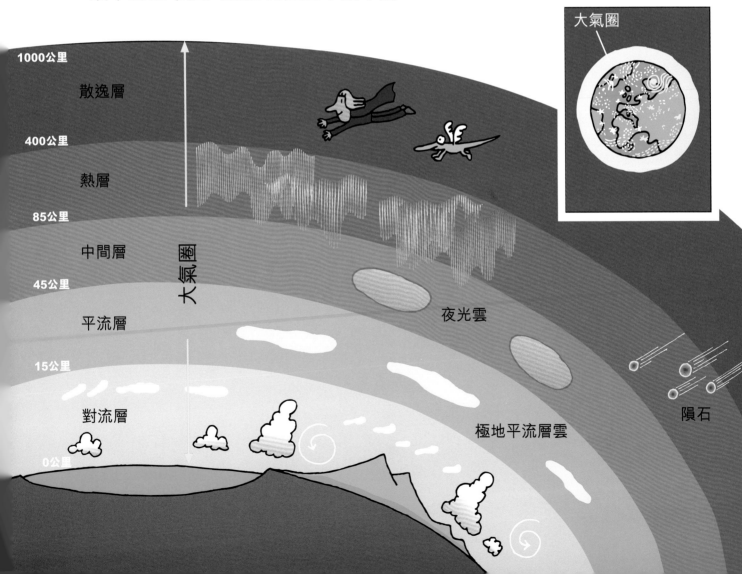

大氣圈

1000公里
散逸層
400公里
熱層
85公里
中間層
45公里
平流層
15公里
對流層
0公里

大氣圈

夜光雲

極地平流層雲

隕石

最早出現的生命體

細菌、藻類和一些水生動物

　　我們居住的這顆行星，可能因為有充足的水和氧氣，因而能孕育出生命。在海洋和大氣圈生成之後，地球上出現首批生命體，也就是一些結構極其簡單的單細胞生物，例如細菌和藻類。接着，出現了結構較複雜的水生動物，然後陸地上開始長出植物、出現不同的動物。就這樣經過不斷進化，人類也出現了，最終形成現在我們熟悉的地球的樣子。

貓頭鷹告訴你

　　「臭氧層」是指大氣圈的平流層中臭氧含量較高的部分，可吸收和阻擋太陽光裏對人體有害的紫外線輻射，就像是一道保護屏障。可是，近年地球的臭氧層受到了嚴重破壞，「兇手」之一是一種叫氯氟烴的化學物質，它常在空調、冰箱等電器的冷卻劑裏面出現。我們應該少開空調，一起保護地球！

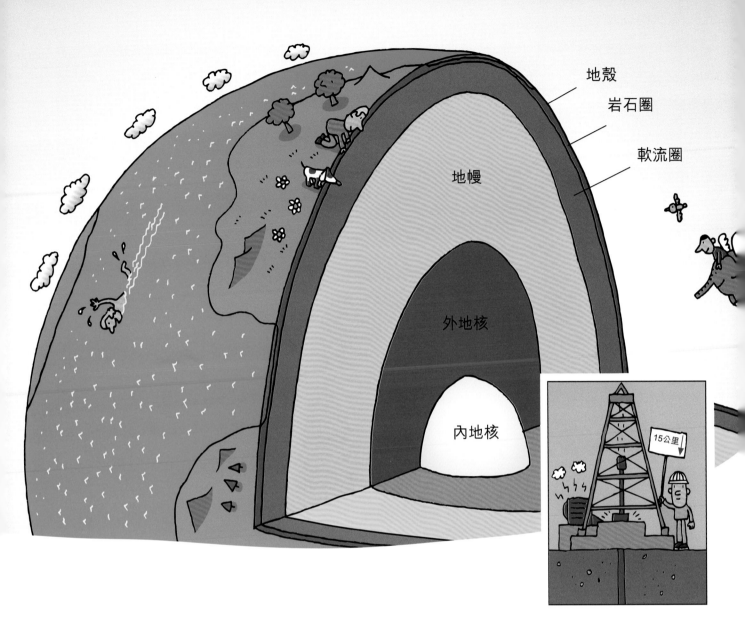

你有沒有想過要去地球的中心看看呢？

　　人類曾嘗試這樣做，但怎樣也進不了超過十五公里深的地底。要知道，十五公里這數字其實是微不足道的，因為要想到達地球中心，深度至少要達六千四百公里！

　　科學家至今未能準確分析出地球的內部結構，他們只能通過一些資料來推測地球的內部構造，例如地震波的傳播方式。經過分析和研究之後，科學家發現，地球是由很多層構成的，這有點像洋蔥呢！

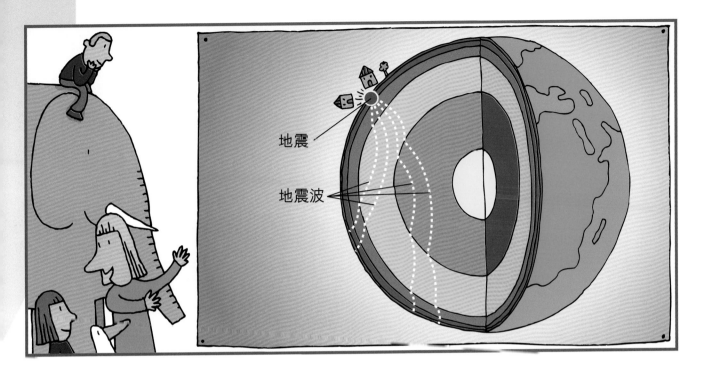

地震

地震波

　　我們的星球是這樣構成的：生長着植物的土壤和土壤下面的部分叫做地殼，深度有五公里到七十公里不等；地殼下面是地幔，深度大約是二千九百公里。由地殼去到地幔的上層部分，我們叫它做岩石圈，在岩石圈下面則有軟流圈。

　　在地球的中心，可以找到溫度極高的地核，它由液態的外層（外地核）和固態的內層（內地核）組成。地核的溫度可超過攝氏六千度，可見地球的深處是由熾熱的物質組成的。

貓頭鷹告訴你

　　研究地球的起源、內部結構、外在地貌、地球的演變等方面的學科，叫做「地質學」，而這方面的專家就叫做地質學家。世界上已知的第一幅地質地圖，是1815年英國地質學家威廉·史密斯繪製的。

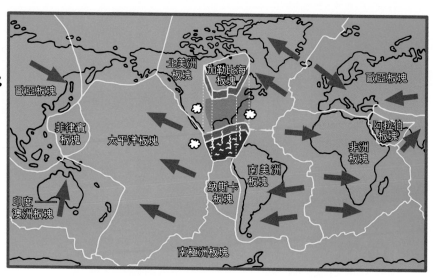

板塊的移動

兩億年前的地球
（盤古大陸）

如今各大洲的
分布情況

　　地殼由好幾塊板塊組成，就像拼圖一樣。最初，所有板塊都是連在一起的，沒有分割開來，這個模樣的地球稱為「盤古大陸」。

　　後來，板塊慢慢地移動，使板塊與板塊之間互相碰撞、摩擦。有的因互相擠壓，導致其中一塊被慢慢地壓到地幔裏，又或是兩塊板塊互相背離，向兩邊拉開。各板塊經過上百萬年十分緩慢的移動，才形成今日我們認識的樣子。隨着板塊繼續移動，可能很多年之後，地球的地形分布又會有所轉變。

　　板塊運動還會使地球表面發生巨大變化，例如出現地震和火山爆發，從而改變地貌。

 河流

 風

 冰川

 海洋

風和水也會改變地球表面的樣子。就像水經過河牀時，會帶走從河牀剝落出來的沙石，並把沙石沖到別的地方堆積起來。高山受到風的侵蝕而出現岩石崩裂，可以導致高山變成平地。又如冰川融化出來的水流入石隙，再次凍結起來時會令岩石脹裂。而冰川移動時，就會將這些碎塊和冰一起帶走。還有海水的進退也會侵蝕沿岸地方，但同時又把物質堆積，最終形成海岸和沙灘，或是把海邊的岩石雕刻成不同的模樣。

貓頭鷹告訴你

1957年10月4日，前蘇聯成功發射第一枚「人造衛星」到太空。人造衛星也就是無人太空船，可以用於通訊、觀測氣象、為地球和太空拍照等等。通過人造衛星，我們可以拍攝到更精細的地球表面畫面。從太空看地球，跟我們坐飛機時從高處往下看，是十分不同的呢！

現在就讓我們回顧一下有關地球的知識吧！
你懂得回答以下的問題嗎？說説看。

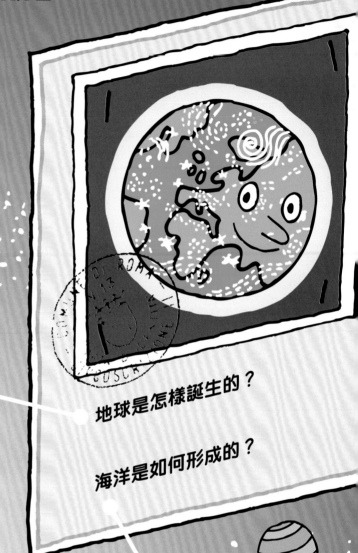

地球是怎樣誕生的？

海洋是如何形成的？

地球最初出現的生命體是怎樣的？

有什麼包圍着地球？

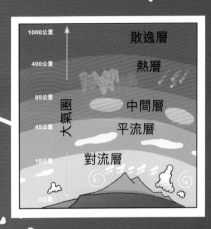

地球的內部構造是怎樣的？

地球在兩億年前和現在的樣子有什麼不同？

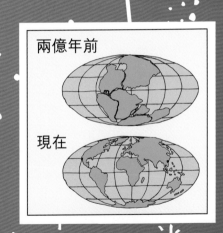

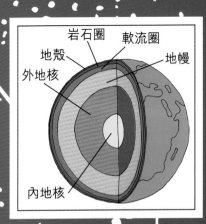

詞彙解釋

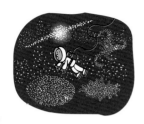

宇宙

地球、太陽、月亮等天體所在的廣闊空間，是人類一直以來研究和探索的對象。

太陽系

以太陽為中心的一系列天體，主要有水星、金星、地球、火星、木星、土星、天王星和海王星一共八顆較大的行星圍繞着太陽旋轉。2006年，原本屬於太陽系九大行星之一的冥王星被降級，使太陽系變成只有八大行星。

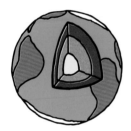

地殼

地球的表面，可分為大陸地殼和海洋地殼，也就是地球上只有陸地或只有海洋的地面。往地球中心方向依次數過去，地殼之下還有地幔和地核。

單細胞生物

僅有一個細胞的有機體，大多是細菌和藻類。

軟流圈

位於岩石圈之下去到地幔的上層部分，有溫度極高的岩漿，形成對流。

板塊

組成地殼表面的部分，也就是把地球分成一塊塊的模樣，而同一塊板塊上可以有陸地和海洋。

18

火山

　　1963年11月14日早上，有幾位冰島的漁夫看見有煙從海面升起來。初時，他們以為有船遇難起火，便把船駛向冒煙的地方，打算營救，可是……漁夫們走近那裏之後，個個都驚訝得目瞪口呆！在他們面前的，居然是一座剛剛形成的、還在噴發的火山！

　　往後的日子裏，小火山以飛快的速度成長着，它仍然持續噴發、流出岩漿。直到1967年，它噴出來的岩漿已經冷卻，並積聚成一座真正的島嶼了。人們叫這座島嶼為敘爾特塞島，這個名字源自北歐神話裏的火神敘爾特。

　　簡直不可思議，不是嗎？如果能去地底或海底，看看火山是怎麼形成的就好了……沒錯，這樣我們就會有許多驚人的發現！快跟過來看看吧！

在我們人類到達不了的地球內部，可深達幾十甚至上百公里，而且溫度極高，熱得連堅固的岩石也可被熔化。這樣一來，地底便形成了大量熾熱的物質 —— 岩漿。這些岩漿就像煮沸了的水一樣，不斷翻滾，而且岩漿裏的氣體又像碳酸飲料中的氣泡一樣，總是想方設法向上湧。

於是，地底的岩漿上升至接近地球表面的位置，用它的高溫把部分岩石熔化掉，並用力向外擠，想要衝破地殼，直到出現一條能讓它從地底冒出去的裂縫，甚至成功通過裂縫冒出地面 —— 這就是火山爆發了！

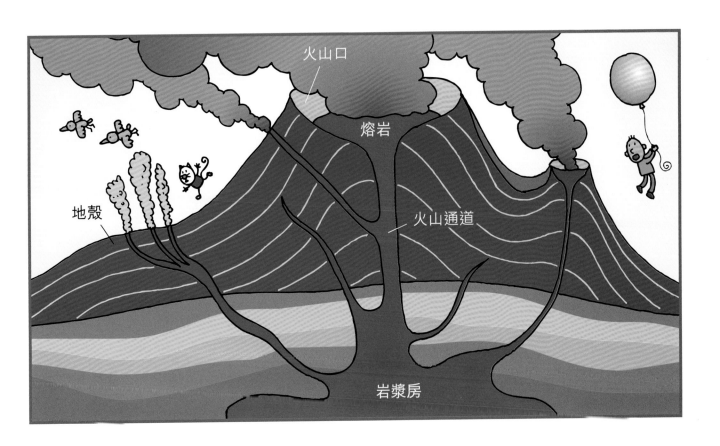

火山是長成這樣子的：最底的部分是岩漿房，即是儲存岩漿的地方，也是火山通道的起點。火山通道是一條長長的、垂直的裂縫，讓岩漿從岩漿房一直上升到火山口，也就是岩漿向外部噴射的缺口。岩漿流出地面後，會漸漸冷卻成為熔岩。

貓頭鷹告訴你

很久很久之前，當任何形態的生命還不存在的時候，地球上到處都是活火山。活火山會不定期爆發，而且經常有火山活動。專家認為，頻繁的火山活動可能是導致恐龍滅絕的原因之一。

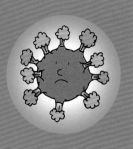

當岩漿向外冒出的時候，火山便爆發了！這場景既壯觀又危險，可以持續幾個小時、幾天甚至幾年。

有些火山在噴發前會發出一些信號，例如我們可以聽到隆隆的聲響、大地開始顫抖，火山的岩壁微微隆起等。不久，由岩漿、炙熱的氣體和火山礫組成的混合物，以不可思議的巨大力量直衝上天！

火山還噴出大量熾熱的火山灰，在天上形成雲團，可以瞬間遮蓋整片天空，然後像下雨般落到地面。岩漿從火山口流出來，形成了一條或多條像着了火一樣的河流，並順着火山的岩壁流下來。

　　最危險的是那種在毫無預兆的情況下，突然猛烈爆發的火山。當熔岩在火山通道和火山的裂縫內，堵塞了這些出口，想要往外衝的地底岩漿和岩漿裏的氣體積聚了很大的能量，一有機會便發生猛烈的火山爆發。

　　不過，並不是所有的火山爆發都會這樣的。有些火山會比較「溫和」地噴發 —— 岩漿靜靜地從火山口流出來，慢慢地向低處流去。這類型的火山噴發相對較安全，帶來的破壞力和殺傷力也比較小。

貓頭鷹告訴你

　　你試過打開膠樽裝的碳酸飲料（例如汽水）嗎？把飲料瓶搖晃一頓後，瓶裏的氣泡都聚到瓶頸，想湧出來。在打開瓶蓋時，那些泡沫、氣體和水已急不及待湧出來，噴得四處都是！這是因為碳酸飲料裏的氣體在受到震動後，猛烈地向上擠壓，最後從瓶中噴射而出。你可以將飲料瓶當作火山，將泡沫當作岩漿……幸好，那些飲料不是熾熱的！

　　經過多次的火山爆發或噴發後，熔岩冷卻凝固了，火山灰和火山礫層層覆蓋，使裂縫周圍的土地變高了，逐漸形成了山的形狀。你想像得到嗎？有些火山可高達7,000米呢！

　　要注意的是，火山並不是都長得一模一樣的，有時它們看起來完全不像一座山。事實上，根據噴射的方式和噴出來的物質，火山可以有不同的形態和規模。有些火山非常高，而且岩壁陡峭，呈錐形，就像一頂小尖帽；有些火山長得又圓又扁，岩壁比較平緩，呈盾形；有些還不能說是「山」，只是地殼上的裂縫，就像是地面上一道道流出岩漿的大傷口。

在火山地區，你會看到一些奇怪又壯觀的景象，比如破火山口，裏面蓄滿水後就成了真正的湖泊。還有那些從地面上巨大的裂縫裏冒出蒸汽和煙的噴氣孔，以及看起來像熱水噴泉一樣的間歇泉，都是火山地區特有的地貌。

破火山口

噴氣孔

間歇泉

貓頭鷹告訴你

公元79年，意大利的維蘇威火山大爆發，是歷史上一次著名的火山爆發。這次爆發噴出來的熔岩、火山灰和火山礫等，重重掩埋了距離維蘇威火山約十公里遠的羅馬城市龐貝城。神奇的是，經過一千多年後，龐貝城在熔岩和火山灰的保護下，仍然保持着原來的樣貌。考古學家在城內找到的遺骸，有的甚至完整地保留了龐貝城居民在逃難和面對死亡時的姿態和神情！

火山可分為活火山、睡火山和死火山三種。「活火山」在人類的紀錄中不時有噴發紀錄，火山活動仍很活躍，隨時有可能噴發，甚至現時正在噴發。「睡火山」也叫「休眠火山」，是指曾有噴發紀錄，但很久沒有噴發，就像睡着了的火山。「死火山」則是指在人類有紀錄以來，從來沒有噴發過的火山。

這三種火山當中，最危險的要數「睡火山」，因為它們可能會突然「醒」過來，猛烈地爆發，帶來嚴重的破壞和造成人命傷亡。

在火山附近居住可以說是十分危險的事，為什麼還有那麼多人在這裏生活和工作呢？這是因為看似脾氣暴躁的火山，其實內心是非常善良的呢！

　　火山其實對人類很慷慨，為我們提供不少好處。例如，火山灰和火山泥含有植物生長必不可少的微量元素，營養豐富，能讓土壤變得肥沃。所以，在火山的山坡常會看到菜園和果園。

　　此外，火山還有助我們改善身體健康呢！火山附近地區的水和泥土含有豐富的礦物質，例如溫泉和含有礦物鹽的火山泥，有助保健、美容等等。

貓頭鷹告訴你

　　夏威夷羣島位於北太平洋中部，與火山活動有很密切的關係。這個區域原來有海底火山。在海底的火山噴出岩漿之後，冷卻後形成的熔岩慢慢在海中積聚和加高，後來高出水面，變成島嶼。再加上地殼的板塊移動，致使當地火山活動頻頻，形成多座島嶼和火山。

現在就讓我們回顧一下有關火山的知識吧！你懂得回答以下的問題嗎？說說看。

火山是怎樣形成的？

當它醒來時，會做什麼？

當它心情平靜的時候，會怎樣噴發？

當它生氣的時候，又會怎樣爆發？

火山是怎樣變成盾形的？

火山為人類帶來什麼好處？

岩漿 位於地殼下，由岩石熔化而成的流質物體，它可以漿狀的形態從火山中噴發出來。

熾熱 形容某種物體或物質的溫度非常高。

熔岩 岩漿從火山流出來之後就成了熔岩。剛從火山噴出來的熔岩是熾熱的液體狀，待慢慢冷卻後，就會變成又硬又黑的岩石。

破火山口 在一次猛烈的火山爆發後，因火山頂部塌陷而形成的寬闊火山口。

噴氣孔 火山活動帶來的氣體在地殼內積聚，並沿地殼或火山的裂縫不斷噴出地面，致使地面出現能噴出氣體的孔。

間歇泉 某些地方的地下水受到火山活動的高溫影響，變成水蒸氣後，從火山地區的地面裂縫中猛烈而間斷地噴出來。美國黃石公園內的間歇泉已成為旅遊景點，世界知名。

 # 山脈

　　你試過登山或遠足嗎？有兩個朋友結伴去遠足，走呀走，一直走到了山頂。山頂上的風景真美！那一座座彼此挨着的山峯，有着不同深淺的顏色，有些山頂還覆蓋着白雪。山上有奇形怪狀的石頭，山谷裏長了很多高大的樹木。如果走到對面的山頭漫步，可能會遇見牧場裏的動物，看到牧民可愛而温暖的小木屋。真像置身於童話世界！

　　你知道山脈是怎樣形成的嗎？山脈有哪些特點呢？
翻過這一頁，就要開始我們的探索之旅了！

地殼並不像我們想像中那樣堅固和靜止不動，它主要由七大塊板塊組成，當中還可分出一些小塊的板塊。這些板塊在地球內部強大力量的推動下，不斷地在移動。

　　當兩塊板塊在巨大力量的推動下互相碰撞時，會發生什麼事？如果海牀受到擠壓，可以形成巨大的褶皺，也就是岩石受到擠壓之後出現波浪形彎曲的狀態。這些褶皺越「長」越高，逐漸超出了水面，甚至成為一座小島。不太高的褶皺變成了小山丘，而那些又高又陡峭的就成了高山。當一個又一個的褶皺緊挨在一起的時候，就形成了山脈。這種現象叫做「造山運動」，也就是山脈的誕生方式。

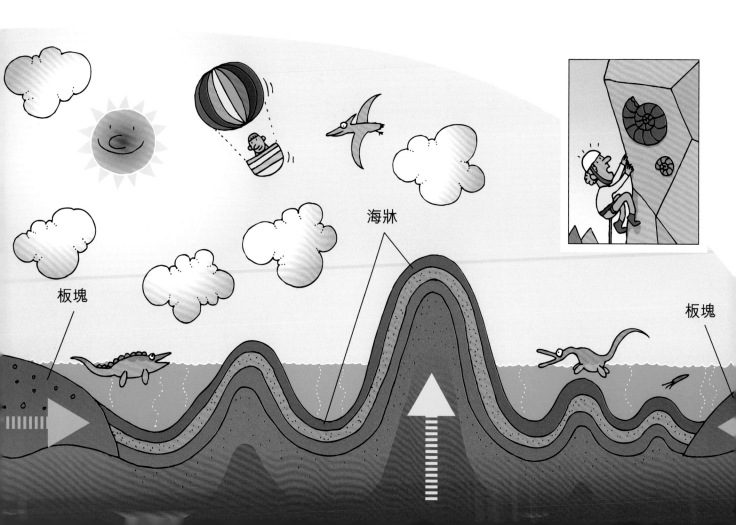

板塊

海牀

板塊

　　正因山脈在很多很多年前是海洋的一部分，所以在山上面有機會找到魚的化石、貝殼和海藻等，這些海洋的居民就是在造山運動的過程中被帶離海洋的。

　　可是，並不是所有山脈都是這樣誕生的。有些是火山的子孫，是火山噴發了許多次後形成的結果。火山灰、岩石和熔岩一層一層地堆積，當它們堆積到一定高度的時候，就形成了山。

貓頭鷹告訴你

　　還是不太了解造山運動的過程？試拿一張紙出來，放在桌面上，把雙手放在紙張的兩端，然後兩手推着紙張慢慢地向中間靠近。你看，紙的中央部分會隆起，形成一個褶皺。如果你繼續向中間推，褶皺就會越來越高，還可能會向左邊或右邊傾斜。這就是山峯有不同形狀和方向的原因了。

淡水儲備

　　山脈的高度可以由海拔幾百米到幾千米，同一座山脈的不同山峯都可以有不同高度，而且世界各地都可以找到山脈。這些身形龐大的山脈，原來只佔地球面積的20%！真是難以置信！

　　山對我們很重要，因為高山頂部的積雪，以及極地的冰川，是巨大的淡水儲備。除此之外，山脈還能通過改變氣流，影響大片區域的氣候，影響降水和河流的水流量等等。

貓頭鷹告訴你

　　地球上最高的山峯是珠穆朗瑪峯，它高達海拔8,850米！珠穆朗瑪峯位於中國和尼泊爾兩國的邊界上，屬於世界上最重要的山脈 —— 喜馬拉雅山脈的一部分。至於太陽系裏面，最高的山是哪一座呢？就是位於火星的奧林匹斯山，它足足有24,000米高呢！

山 高15厘米

山脈看起來高大堅實、不易動搖，事實上，隨着時間的流逝，在我們不察覺的時候，它的面貌一直在悄悄地改變。你知道是誰讓山脈改頭換面的嗎？是雨水、風、雪和冰等等，它們會慢慢地侵蝕岩石，改變岩石和山脈的面貌。

假設你用沙子堆起了一座山，然後向山頂吹氣，或者用裝了水的噴壺向山頂輕輕噴水，會發生什麼事呢？

知道這些後，你就很容易推測出山的年齡了 —— 那些較年長的山，頂部通常是平緩圓潤的，而那些較年輕的山，則比較陡峭，就像你剛堆好的沙山那樣。不過，有些小山丘也可能曾是一座高山，經過千萬年的打磨後才形成現在的樣子呢！

另一方面，河流和冰川也能改造山脈。在水流流動的過程中，它們不斷擊打着岩石，有時會開鑿出山谷。

較年長的山

較年輕的山

在山區，太陽的照射比在平原更直接
和強烈，冷空氣會來得更猛烈，天氣可以
變化很大。又由於水蒸氣遇冷會凝結，繼
而形成雲，而山上的冷空氣加速了水蒸氣
凝結，所以山上較常下雨和下雪。同時，
溫度隨着海拔的升高而降
低……換句話說，你爬得
越高，氣溫就會越低！

海拔2000米

海拔1000米

冬眠中的睡鼠

地勢高度和氣候的不同，影響到動植物的分布。

山區海拔1,000米以下的地方，植被非常茂盛，品種多樣，例如栗木林、橡木林、榛樹林和山毛櫸林。這裏還能找到水獺、野豬、赤鹿、松鼠、狐狸等等。

在海拔1,000米到2,000米之間，生長着許多耐寒植物，如松樹和冷杉，還有不怕寒冷的動物，如羚羊、羱（粵音原）羊、土撥鼠、貂（粵音凋）和狼。

在海拔2,000米以上，有雲杉、油松等樹木，也能找到一些強壯但矮小的植物，例如刺柏。此外，那裏可是老鷹的王國！

再往上走，就是終年被白雪覆蓋的地方，這裏大多只能找到苔蘚和地衣。

另一方面，對動物來說，山上的生活並不容易，尤其是高山地區。牠們必須適應冬天的嚴寒天氣，下雪的時候還可能找不到食物。為了生存，動物要找到適合自己的過冬方法。有些動物就會選擇冬眠，比如土撥鼠，牠們一睡就睡上6、7個月呢！有些動物就有保護色，例如雪兔，夏天時牠的毛髮較深色，到了冬天，就會換上白色的毛髮，這樣，牠們在白色的雪地裏隨意走動，也不用擔心被獵食者輕易發現了！

貓頭鷹告訴你

羱羊主要生活在歐洲阿爾卑斯山地區，可說是「爬山高手」，能在陡峭的岩石間活動自如。不過，人類對自然環境的破壞越來越嚴重，羱羊一度面臨絕種危機。為了保護羱羊，意大利在1922年設立國家公園，在數十年間，使羱羊由不足四百隻，上升至超過五萬隻。

　　與山谷、平原或城市比較起來，山上較少廣闊的平地，環境和氣候未必適宜人們居住和耕種。所以，一般來說，住在山腳的人，會比住在山上的人多。不過，這不代表山上完全沒有人居住。

　　在山上，我們可找到牧場和牧民的小木屋，也就是牧民和他們飼養的牛、羊、馬等動物的家。夏天，山上一片翠綠，牧民會將牛、山羊和綿羊等動物趕到山坡上來放牧；冬天，山上可給牛羊吃的草不多，牧民就把動物們留在牧場裏飼養。牧民還會把牛奶、羊奶等製成非常美味的芝士和乳酪呢！

　　另一方面，山上樹木繁多，為人們提供了豐富的木材原料。人們又在山上種植，例如馬鈴薯、栗子和蘑菇等等，並利用山勢來儲水，以達到水力發電的目的。

　　山脈地區也是人們喜愛的旅遊地點之一。這裏不但有美麗的風景，還可以讓人到這裏遠足、登山、露營等等。冬天時，人們又可以到有積雪的山上滑雪呢！於是，人們在山上修建滑雪道、安裝觀光纜車，也興建飯店、賓館和度假屋等等，山區的旅遊業就是這樣發展起來，為山脈的外貌帶來了改變。

貓頭鷹告訴你

　　聖伯納犬是著名的雪地搜救犬，據說，最初是由阿爾卑斯山地區聖伯納德修道院的修士培育出來的。牠的毛髮很厚，長得很強壯，但性格溫馴，可憑藉敏銳的嗅覺，到雪山上搜救被掩埋的人。修士在聖伯納犬的脖子上掛上一個小酒桶，如果牠們在搜救時找到生還者，可以先給他們喝一口酒來保溫。

現在就讓我們回顧一下有關山脈的知識吧！
你懂得回答以下的問題嗎？說說看。

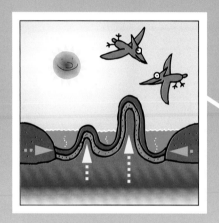

山脈是怎樣形成的？

它年輕時的樣貌是怎樣的？

隨着時間過去，它會變成什麼樣子？

山上的氣候如何？

山上住着哪些動物？

人們可以在山上做些什麼？

詞彙解釋

海拔　以海平面為起點來量度的高度，也就是陸地或山脈高出海平面的距離。海平面可視為「海拔零點」。

侵蝕　風、雨和水等因素對地表造成的磨損，可以改變地表的樣子。

山谷　兩座山之間的凹陷形土地，中間可以有河流、湖泊等地貌。

冬眠　某些動物在冬季時的長時間睡眠活動，可持續幾個月，以減少身體的能量消耗，也減低進食的需要。

保護色　某些動物身上的顏色會變得與周圍環境一樣，使自己隱藏起來，不易被別人發現，藉以保護自己。不少陸地或水生動物都會有這種生存技能。

水力發電　借助水從高處落下時的衝擊力，推動發電機組運作，從而製造出電能。

 # 海洋

在太平洋一些島嶼上，有一些叫波利尼西亞人的土著民族在這裏生活，他們可說是「海洋民族」。在古老的傳說裏面，這裏有一位名叫茂宜的守護神，他有一個用來捕捉鯊魚和鯨魚的大魚鈎。茂宜用這個大魚鈎做了一件驚人的事 —— 釣起了沉睡在海底的山脈，使它們成為陸地。這些山脈就成了波利尼西亞羣島，而波利尼西亞人就在那裏居住。

海洋一直吸引着人類的目光，讓人們產生無窮的聯想，於是出現了很多很多關於海洋的傳說。如果你也想對海洋一探究竟，就趕快翻到下一頁看看吧！

地球向來有「藍星」的別稱，如果你乘坐太空船飛上太空，從太空眺望地球，你會發現，地球差不多全是藍色的。你知道原因嗎？

那是因為地球上有大約三分之二的地區都被水覆蓋着，包括大海、大洋裏的水。比起大海，大洋的水域要開闊得多，例如太平洋、大西洋等等。而且，地球上大部分的水都是鹹的，只有很少是可供人類飲用的淡水。

不過，地球上並不是一開始就有水的。大約在四十多億年前（你能想像得到是多久以前嗎？），地球上到處都是火山和滾燙的岩石，它們會釋放出一些氣體，當中包括水蒸氣。這些氣體如輕紗般籠罩着地球。

　　慢慢地，氣體冷卻下來，水蒸氣在天上凝結成許許多多的水滴。接着，地球上下起了大雨，而且連綿不絕地下了很久很久。這些落到地面上的大量水分就形成了河流、大海和大洋等等。

貓頭鷹告訴你

　　你知道為什麼海水是鹹的嗎？因為很久很久以前，河流、雨水等水分在流入大海的過程中，溶化了岩石裏的鹽分，並把岩石碎裂後形成的沙石沖到海裏，這就把原本在岩石中的鹽分和礦物質，都帶到海裏去了。在長時間累積下，海水就變鹹了。

　　我們都知道，對於人類、植物和動物來說，水是必不可少的。而海洋就像是巨大的水池，為地球儲水。當地球上出現了河流和海洋之後，水又是怎樣在天空和地面之間來回走動的呢？

　　請看下圖：海洋和陸地上的水分在太陽的熱力下蒸發，變成水蒸氣升到空中，形成了雲，然後通過下雨、下雪等方式，讓水分又重回到海洋和陸地。

從天上降下來的水落到地面之後，部分雨水會滲進土壤裏面，變成地下水，並在地底形成了地下水道。

在山上，雨水先是形成多條小溪，溪水順着山勢向下流走，途中遇見其他小溪，也可能得到地下水道的補充，水流逐漸增大，慢慢變成了一條河。這條河會繼續流動，從山上走向山谷，途中又與其他河流和地下水道結合，因此越來越強壯，直至流到較平坦的地方，大海就在那裏等待着。河流的水流就是這樣匯入大海了。

雨水把天上的水分帶到地面，同時，太陽把海洋、河流、小溪裏的水蒸發到天上……這樣不間斷的循環，在很久很久之前就形成了，而且到今天都仍然在繼續！

貓頭鷹告訴你

水蒸氣是怎樣凝結成水滴的？試裝一杯熱水（小心燙手！），蓋上杯蓋後等幾分鐘，然後把杯蓋拿起來看看，那裏是不是有很多水滴呢？這是因為水蒸氣在蒸發上升的過程中，同一個空間內的水蒸氣不斷增加，又遇到一個較冷的「凝結表面」（杯蓋），水蒸氣就會在那裏積聚起來，凝結成水滴。

那麼，水蒸氣是什麼樣子的呢？當你用熱水洗澡的時候，有沒有留意到，浴室裏有很多白色的「霧」？這就是水蒸氣。你再留心看看，那些霧在水龍頭上面凝結成小水滴了。

海水從來都不是靜止的，海面也不是平的！

風從海面吹過，便掀起了波浪。如果風力強大，海上的波浪可以達數米高，比你和我都還要高！浪花拍打在礁石和岩岸上，可以創作出異常美麗的天然雕塑作品，就像海岸懸崖，或者供船隻停靠的天然港口。

不過，海洋可以深達數千米，海面的水流活動情況，並不等於海洋深處的動態。有時，海面上可能有驚濤駭浪，但在深海地方卻是一片平靜，彷彿是兩個世界。

海洋中的洋流與陸地上的河流相似，這些洋流會從海洋的這一端流到另一端，綿延成百上千公里。在海洋深處流動的洋流是寒流，而那些在海面流動的則是暖流。

洋流
寒流
暖流

洋流在流動的過程中會輸送很多物質，例如岩石碎片、貝殼等，這些物質有機會被留在岸上，逐漸形成了沙灘。

漲潮

退潮

海洋的活動還不只這樣。事實上，在一天之內，海洋會呈現不同的面貌，水位也有不同的高度。當海水上漲，淹沒沙灘時就是漲潮；當海水退下時，就是退潮。退潮時，大海會在沙灘上留下不少禮物，例如不同種類的貝殼、海帶等等。海水一時漲一時退，是因為月亮和太陽就像磁鐵一樣，吸引着海水，然後又將它推開。

貓頭鷹告訴你

你知道嗎？地球上有超過一百片大海，每一片都有自己的名字。例如在中國附近，就有黃海、東海和南海。分布在地球南極、北極的海洋非常寒冷，有很大面積終年結着冰；而那些分布在赤道周圍的海洋，水溫則較高。

我們一般認為海洋是藍色的，其實還可以有蔚藍色、深藍色或綠色。而且海洋深處的顏色，跟海面的顏色也有不同，越往下潛，就會越黑。原來，海水的顏色會因為照射入水中的太陽光線、天空的顏色和海底的物質而有不同。如果海底有綠藻，那麼海水就會是綠色的。

　　試想像自己潛入海裏，你可以欣賞到一個由各種魚類、貝殼類等海洋生物組成的奇妙海底世界。那裏可能有大大小小的魚羣，有鯨魚，有蝦和螃蟹，有海龜和水母，甚至有肉眼看不見的微小生物。

　　在不同深度的海水裏，可找到的海洋生物可以很不同。如果你乘坐一艘潛水艇潛入海底深處，你還會有許多驚人的發現 —— 那裏有海底山脈、火山、山谷和海溝！

很久之前，人們對海洋另一端的情況還未能完全掌握，不敢貿然遠航。直到五百多年前，航海家哥倫布從歐洲駕船向西邊出發，最終發現了新大陸，成功到達美洲，在文化、經濟等方面，為兩地以至全球都帶來巨大影響。現時世界各地的海面上，有許多大大小小的船隻為了捕魚、運輸貨物或接載旅客等，忙碌地在各地之間穿梭往來。

海洋中還有一種奇怪的植物，那就是海藻，它們聚集在一起，形成「海洋森林」。而在水溫較高的海域，則可找到大型的珊瑚礁。幸運的話，你還能在海底發現很多年前沉沒的船隻！說不定，沉船裏面，至今仍藏有價值連城的寶物呢！

現在就讓我們回顧一下有關海洋的知識吧！你懂得回答以下的問題嗎？說說看。

海洋是怎樣誕生的？

雨水是如何形成的？

海洋中的洋流有什麼特別
的地方？

漲潮的時候，大海有什麼
變化？

退潮的時候，又會發生什
麼事呢？

海底都藏了些什麼呢？

地下水 儲存在地底的水，主要是雨水和地面上的水滲入地底，積聚在土壤或岩石之間的空隙裏。

匯入 注入，流入。在河流匯入大海的地方，形成了入海口，也就是河水與海水相匯的地方。

海岸懸崖 海邊巨大而陡峭的礁石，就像陸地山坡上的懸崖。

港口 在海岸邊設有碼頭的地方，可讓船隻停泊和躲避風浪、旅客上下船或裝卸貨物等。

海溝 海底又窄又長又深的凹槽，多分布在太平洋一帶。太平洋海底有世界上最深的海溝 —— 馬里安納海溝，它的深度超過一萬一千米。

珊瑚礁 由許許多多珊瑚蟲的骨骼堆積而成的礁石，在淺海和深海都可以找到。部分火山島附近有珊瑚礁圍繞，後來火山島因受到侵蝕而逐漸下沉，使珊瑚礁露出水面，就會形成一種奇特的島嶼——環礁。

 # 河流與湖泊

在地球上，海洋的面積大大超過陸地的面積，為什麼我們把一顆這樣的行星叫做「地球」呢？既然有那麼多水，稱它為「水星」不是更好嗎？這可能因為人類是一種不能適應海洋生活的動物，也因為這樣，人類選擇在陸地上生活。

地球上大部分的水都來自海洋，而海水是鹹的，並不能給人類和大部分生物直接飲用。地球上只有小部分的水是淡水，包括河流、湖泊、地下水，以及冰川（也就是固態的水）。

我們較常接觸的淡水資源是河流與湖泊，你知道它們是怎樣形成的嗎？趕快翻到下一頁看看吧！

　　大部分的河流都起源於山脈。由山上的冰或雪融化而成的雪水，以及從天上落下來的雨水，在山上匯聚成小溪和河流。水匯入河流之後，仍然日夜不息地向着大海流去。

　　有些河流長年都有充沛的水流，但也有些河流在不同季節，有不同的流量。有的河流在夏天時漲滿了水，這段時期叫做「豐水期」；到了冬天，河裏的水可能少得像一條小溪，甚至乾涸了，露出大片面積的河牀，這段時期叫做「枯水期」。

豐水期的河流

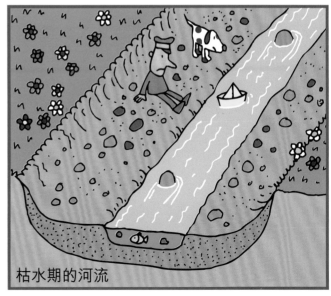

枯水期的河流

河流的源頭

此外，河流的源頭也可以是地下水。水分滲入地下之後形成的地下水，在某處衝破地表冒了出來，這個地方就是河流的源頭了。

從河流的源頭去到入海口，由於地勢的改變，河流的流動有時快有時慢，呈現出不同的面貌。一般來說，同一條河流流經山區時水流湍急，在平原上波瀾壯闊，接近大海時則步履緩緩。所以，我們在山間，常能看到飛流直下的瀑布和彎曲多變的急流，在平坦的地方可以看到慢悠悠地流動的河流。過程中，河流會把碎石、沙粒等沉積物輸送到不同的地方，包括大海。

貓頭鷹告訴你

雖然河流的樣子很相似，但它們並不完全一樣。非洲的尼羅河是世界上最長的河流，有6,671公里，而意大利的波河則很短，只有654公里，但是尼羅河的水量只是比波河多一倍。又如科羅拉多河，它像一條巨蛇一般在美國和墨西哥之間蜿蜒流動，而從阿爾卑斯山上流下來的幾條河則像鐵軌一樣筆直。

河流的能量可以很巨大，它能夠浮起船隻、木材和石頭，也能搬運細小的沉積物。當沉積物堆積成一塊較寬廣、平坦的土地，就形成了平原，例如中國的長江中下游平原、意大利的波河平原，還有許多沿海平原都是這樣形成的。隨着河流不斷將沉積物帶到入海口，越來越多的沙石在入海口附近沉積，平原越來越大，而海洋就好像慢慢地往後退了。

　　下大雨的時候，河流水位上升，雨水逐漸填滿河牀。要是雨不停地下，河牀再裝不下更多的水，河水就會溢出河牀，流向附近的地方，甚至淹沒周邊的土地，形成氾濫，也就是發生水災。

河流除了在地面上奔流之外，也會在地下流動。有些岩石含有可被水溶解的物質，在地下水的長期溶解和侵蝕之下，可形成山洞或地下洞穴，這種現象在意大利東北部的弗留利地區尤為明顯。在那裏，河流經常在地底消失，然後在意大利東部邊境線外的斯洛維尼亞共和國又冒了出來，省去了辦理旅遊簽證的麻煩呢！

　　氾濫其實是地球上的一種自然現象，就它本身而言，未必會釀成災難。但是，如果在河流周邊建有房屋的話，就另當別論了。在這種情況下，氾濫可能會為人類帶來損失，甚至造成人命傷亡，演變成真正的悲劇。

至於湖泊的形成，多是因為有一道天然屏障攔截了河流的部分水流，而人類也可以通過修築堤壩來建造人工湖。此外，動物界也有一個「水壩工程師」——河狸，牠們用樹枝築起水壩，攔截水流，保持水位穩定，以便在那裏築巢居住和儲存食物。

　　還有一些湖泊是在遠古的山谷底部形成的，而這些山谷是很久很久以前，被覆蓋了地球大片土地的冰川挖蝕而成的，所以這類湖泊就叫做冰川湖，例如意大利北部的加達爾湖。

　　在一些古老的死火山上，火山口裏漸漸蓄積起來的雨水也能形成湖泊。這種湖泊叫做火山口湖，通常都很深，例如俄羅斯勘察加半島的庫頁火山湖。

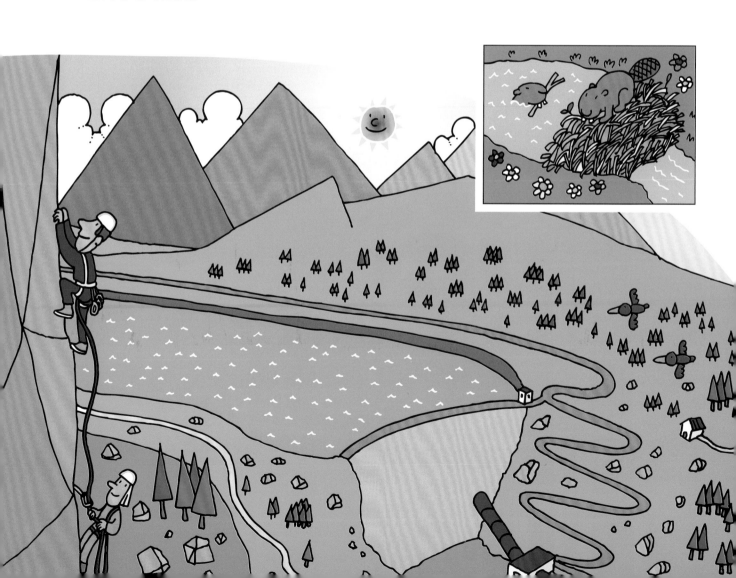

你知道嗎？那些被隕石撞擊出來的坑窪，也能形成湖泊呢！不過，這類湖泊比較少見。

貓頭鷹告訴你

世界上有許多湖泊正在縮小，最嚴重的可說是位於哈薩克和烏茲別克交界的鹹海。它在1960年代曾是全球第四大的內陸湖泊，但在過去數十年間，鹹海的水量減少了超過80%！如今更近乎乾涸，湖上的船隻猶如停泊在平原上一樣，更有不少地方變成了沙漠。這都是因為前蘇聯政府把鹹海的水分流到其他地區，幫助人們耕種和灌溉，卻沒有好好保護鹹海而導致的惡果。此外，由於降雨減少，以及人們過度抽取湖水來使用，很多國家和地區的湖泊也面臨着同樣的危機。

外流河

事實上，任何湖泊都無法永遠存在，因為湖泊的水會漸漸滲到土壤裏去，使湖泊日漸乾涸，接着可能成為一片濕地，最終變成一片平原。現時在一些地方可以找到湖泊存在過的痕跡，例如一些近海的大平原，如今那裏可能種滿了農作物，水位不高，但在過去，它們曾經是濕地，而最初它們應是形態各異的湖泊。

湖泊的命運還與兩條河流息息相關：一條是將水注入湖泊的河流，叫做「內流河」；另一條河流就將湖泊裏的水帶走，流入大海，這叫做「外流河」。

內流河

不過，有些湖是沒有內流河和外流河的，例如火山口湖。這些湖泊通常只靠雨水補給，當蒸發加快而降雨減少時，就很容易乾涸。

貓頭鷹告訴你

一般來說，河水和湖水都是淡水，密度比海水低，所以在河流與湖泊裏游泳比較費力，在海裏游泳則比較輕鬆。不過，世界上有些湖水的含鹽量會比海水更高，例如位於中東地區的死海，它的水分含鹽量比一般海水高8倍！正因如此，人們可以安坐在死海裏看報紙，就像坐在舒適的沙發上一樣。

現在就讓我們回顧一下有關河流和湖泊的知識吧！
請你根據下面的圖畫説説看。

1 河流的源頭在哪裏？

2 它要流去哪裏？

3 如果河水太滿的話，會發生什麼事？

④ 如果河流被攔截，會有什麼出現？

冰川湖

⑤ 意大利的加達爾湖是什麼類型的湖？

內流河

外流河

⑥ 湖泊的命運如何？

詞彙解釋

河牀 有河水或溪水流動的凹陷形溝槽。

入海口 河流注入大海的地方。入海口可以是一條水道,這叫做河口。如果許多條河流結合,並在入海口擴散成扇形的話,就會形成三角洲,三角洲的面積擴大之後,可以形成平原。

沉積物 在水中流動和沉積的岩石顆粒,有小石粒、沙粒、沙粉等等。如果水的力量搬不動這些岩石顆粒,它們便會沉澱下來。

隕石 從太空墜落到地球的岩石,主要成分是鐵。

濕地 經常有淺水覆蓋的平坦地區,大多位於河口。這裏的生物種類豐富,例如有紅樹林、彈塗魚、小白鷺、黑臉琵鷺等。

蒸發 在熱力的作用下,水從液態變為氣態的過程。

山谷與平原

地球上的風景千姿百態，無論是海洋、山脈、湖泊、河流、山谷或是平原，都各具特色。

站在不同的地方，能看到我們的星球上有不同的面貌。例如站在山頂，你可以看見種滿農作物的山谷，望到遠處的房屋和工廠。如果你將目光投得更遠些，你還能看見一片廣闊又平坦的土地，那裏有樹林、草地、城市和道路等等。

你想知道那些山谷和寬廣的平原是怎麼形成的嗎？想了解一下它們的歷史嗎？那就趕快翻到下一頁看看吧！

　　山谷和平原大多是在幾百萬年前形成的，隨着時間的流逝，在水、冰和風等因素緩慢而持續的侵蝕下，山谷和平原也發生了些變化。

　　山谷是山脈間的一片低窪土地，兩邊的山坡分別是它的起點和終點。有些山谷是被山坡上流下來的河流挖鑿出來的 —— 河水不斷沖擊和磨蝕岩石，直到挖鑿出寬大的溝槽。

　　還有一些山谷是由冰川的侵蝕作用造成的，尤其是在冰期。由於天氣異常寒冷，積雪無法融化，形成了厚厚的冰層。冰層的重量不斷增加，致使部分冰塊斷裂並開始向下滑落，過程中，冰塊撞擊和敲碎了岩壁，從而塑造出深谷。當氣溫回升，冰雪開始融化和慢慢消退，山谷的樣子便露出來了。時至今日，有些高山的山頂仍然堆滿冰雪，冰川緩慢地向下滑動，不斷地侵蝕着山坡和谷底。

河谷

冰川谷

侵蝕

　　試試仔細觀察山谷的形狀，你可以憑它的形狀推斷出它的成因。

　　由河流挖掘和侵蝕而成的山谷呈 V 字型。河水在快速落下和流動時，在山間削出一個又深又陡峭又狹窄的溝，就像一個英文字母 V，這類型的山谷叫做「河谷」。

　　如果那個山谷呈 U 字型，線條較圓滑、少有棱角，它應該是受到冰蝕而形成的。這種山谷叫做「冰川谷」。

貓頭鷹告訴你

　　你聽過「峽谷」嗎？這是一種非常深的山谷，四周有幾近垂直的岩壁圍繞着，而且這些岩壁都十分陡峭。峽谷的形成跟河谷大同小異，只是峽谷的深度比河谷要深很多。世界上最著名的峽谷，是位於美國科羅拉多高原上的大峽谷，長度約四百五十公里，平均深度超過一千二百米，最深處超過二千米！

在羣山環繞的山谷裏，有優美怡人的自然景觀，高山流水，鳥語花香，讓人身心舒暢。再加上山谷的地形比較平坦，遠比山上的環境更適宜人類居住和發展經濟活動。因此，我們在山谷中可以找到許多村莊和小型城市。

在這裏，你能找到生機盎然的闊葉林，例如橡樹林和栗樹林，也能找到種植着馬鈴薯、大麥和黑麥等農作物的廣闊田地；在山谷的低窪處，你還能看到葡萄樹、橄欖樹和各種果樹。此外，山谷裏也有工廠，例如那些木材、礦石和山區特產的加工廠。

山谷連接着山脈和平原，人們要翻山越嶺，就要經過山谷。再加上山谷的地勢較方便人們居住，漸漸地，山谷裏聚集了一批人在這裏建起了村莊。

以前的人多靠自己的一雙腿來翻山越嶺，直到近代發明了汽車和火車之後，為了讓這些交通工具順利地穿過山谷、駛入山區，人們在山中挖出隧道，也就是一條可以從山體之間穿過的通道。有了隧道之後，我們不用再慢慢地爬山，或者繞個大圈才能到山的另一邊。即使登山的道路被雪封住，我們也能在山中輕鬆通行了。

貓頭鷹告訴你

　　河牀長期受到水流侵蝕，岩石較脆弱的地區會出現較大的凹陷，使河牀高度出現較大的差距。河水猛然向下掉落，就會形成瀑布。另外，河水流經岩石斷層或者懸崖時，由於地勢落差較大，水流從高處以接近垂直的角度落下，也會形成瀑布。世界上落差最大的瀑布，是位於委內瑞拉的安赫爾瀑布（又叫天使瀑布），它的落差接近一千米！

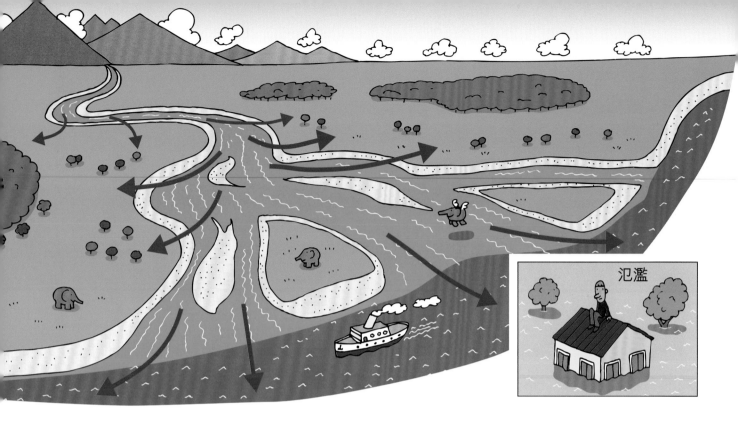

氾濫

　　河流是一位偉大的地球景觀設計師，除了形成湖泊、峽谷、瀑布等地貌，也「製造」出平原——一片寬廣、平坦的土地。

　　事實上，許多平原是由碎石塊、沙粒和淤泥組成的，而這些物質是河流由山脈奔流到大海的旅程中，「順手」從土壤和河牀裏帶過來的。當地勢趨於平緩時，水的力量不足以推動這些物質，它們就在河底和河岸沉澱下來。下大雨的時候，河流水位升高，河水溢出河牀，同時將夾帶着的各種物質沖到河流周圍的土地上。在長時間的沉澱和累積下，這片土地越來越闊，最終形成了「沖積平原」。意大利的波河平原、中國的長江中下游平原，都是這樣形成的。

　　沖積平原的土壤肥沃，適合種植，所以有不少人在這裏居住，發展文化和經濟活動。四大文明古國都是起源於河流附近的地域，例如中國文明起源於長江和黃河流域，而古埃及文明則是在尼羅河流域發源的。

由火山噴發形成的平原

由海牀上升形成的平原

不過，並不是所有平原都是這樣誕生的。有些平原的形成與火山有關，火山噴發流出來的物質可以堆積成平原，這類平原的土壤非常肥沃。所以，自古以來，儘管火山近在咫尺，但仍有人願意住在火山附近！

此外，有一類平原是在海底形成的，後來地球內部的力量把部分海牀推高，使它露出水面，變成陸地。這種平原叫做海底平原（也叫深海平原），面積十分大。而且，常有來自陸地的沙石在海底裏一層一層地沉積起來，較幼的沙石會沉到底層，較粗的沙石會在上層堆積。

高出地面後的海底平原，水資源比較缺乏，為了生活和方便耕種，人們要鑽井、建造運河和引水渠等等。

貓頭鷹告訴你

世界上還有一種「人造平原」。荷蘭境內大多是平原，而且有四分之一的國土位於海平面以下。你知道他們是怎樣保護國土的嗎？他們築起了巨大的堤壩，將陸地與大海分隔開，然後用強勁的水泵，將陸地上的水排走，這就形成「人造平原」了。

　　如果你從高空俯視一片平原，你會看到河流、整齊有序的樹林、田地、草坪、成羣的房屋、城市和工廠等等。這裏是建築道路、高速公路、鐵路和飛機場的理想地點，也較有利於農業、通訊業、工業和商業等活動的開展。

　　不過，在很久以前，平原並不是這樣子的，它可能到處都是樹林、池塘和濕地。當人們發現，平原是如此便利的理想生活場所，便開始砍伐樹木，開墾出耕地，築起不同的設施，並改良土地來耕種等等。

濕地

農業可以說是平原上最主要的人文活動。由於平原的水資源豐富,特別適合種植糧食、蔬菜和果樹等等。平原上的農場裏養了許多動物,例如綿羊、馬、牛、豬、雞等等。

此外,在平原上生長的植物也不少,例如楊樹、橡樹和姿態優美的柳樹。雖然有些野生動物消失了,不過你仍可以找到烏鴉、野鴨、鷺和野雞等等;樹林裏還有野兔、狐狸和刺蝟的蹤影呢!

耕田裏有許多蟲子,還有蒼蠅和蚊子!到了夏天,你能聽到蟬和蟋蟀的鳴叫。在濕地裏,你可以找到青蛙、蟾蜍、鴨子、鸛,還有魚類,例如丁鯛和鱔魚等等。

貓頭鷹告訴你

雖然平原帶給人們很多好處,但並不是所有平原都適合人類居住的。就像撒哈拉沙漠一帶的沙漠平原、植被十分茂密的赤道地區平原、阿拉斯加和西伯利亞那樣嚴寒的平原,都因為氣候的問題而不適合人們居住。有多少人想去這些非常乾燥、非常炎熱或者非常寒冷的地方居住呢?

現在就讓我們回顧一下有關山谷和平原的知識吧！

1 有些山谷是由河流開鑿出來的。

2 另一些則是由冰川「製造」出來的。

3 山谷是重要的通道！

4 平原可以分成三種類型：

海底平原

火山平原

沖積平原

5 他們是在平原上生活的居民。

詞彙解釋

山坡 山上或山脈一側的斜坡，也可以說是山頂至平地之間的傾斜面。

冰川 在高山和極地地區，由冰和雪形成的巨大冰體。

冰期 地球氣溫急劇下降並持續低溫，而且地表覆蓋着大面積冰川的一段時期。在這段期間，冰川面積會不斷擴大，很多生物都難以生存。

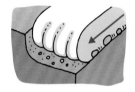

冰蝕 冰川在移動的過程中對地表帶來的侵蝕。冰川和岩石碎屑在移動過程中不斷與地表產生摩擦，因而出現侵蝕。由於冰川比河流裏的水要重，冰蝕的力量比河流裏的侵蝕力量大得多。

引水渠 用來收集、運輸和分配水源的水道和水管。

改良土地 改變一塊土地的情況，或者在田地附近增加設施，以符合人們的要求。例如抽走土地裏的積水，使它變得適宜種植。

沙漠

　　沙漠是地球上又特別又神秘的地區，在那片黃色、紅色或白色的沙子上，見不到人來人往，看起來一切都是靜止不動的。偶然，從遠處傳來風聲 —— 這裏沒什麼樹木阻擋風的前行，所以它能毫無顧忌地吹動，捲起細細碎碎的沙粒，甚至捲成一團團高聳的雲狀沙塵。

　　是風讓我們知道，原來沙漠也是有動態的。事實上，幾百萬年來，儘管只有微弱的風吹動，沙漠中的沙子也不會停住腳步。

　　你對沙漠的認識有多少呢？現在，是時候去揭開沙漠的神秘面紗了。一起出發吧！

　　沙漠是地球上特別乾旱的地區,那裏極少下雨,很難看見河流和湖泊,水分蒸發量遠遠大於降雨量。沙漠裏的氣溫差距也特別大,白天烈日炎炎,夜裏則寒氣逼人。正因沙漠中的溫差大,加上風持續不斷、無所顧忌地吹着,這裏的岩石幾乎都碎成礫石和沙子了。

　　沙漠就是「沙質荒漠」的簡稱,除此之外,還有礫漠和岩漠,它們都屬於荒漠。礫漠是指風吹走了較細的沙粒,留下很多礫石的地方;岩漠則是指風把沙粒、礫石和岩石碎屑都吹走了,露出大片岩石表面的地方。

　　話說回來,沙漠是怎樣形成的呢?

　　岩石會在高温和風的侵蝕下出現崩裂而變碎，逐漸堆積起大片的礫石和沙子。再加上，如果這個地區的氣候非常炎熱，又極少下雨，能在這樣高温、乾燥的環境裹生長的植物並不多，土壤缺少了植物的保護，很容易被風吹走當中的顆粒，使沙子和礫石覆蓋更多的面積，慢慢就會形成沙漠。

貓頭鷹告訴你

　　撒哈拉沙漠是世界上最大的沙漠，面積超過九百萬平方公里。由於當地氣候極為惡劣，被認為是地球上最不適合生物生存的地方。不過，據説在數千年前，這裏曾是一片適宜耕種的肥沃土地呢！

著名的撒哈拉沙漠位於非洲北部，這裏有不少土地被沙子覆蓋着，也有高低起伏的石丘，以及布滿礫石的平原。如果不是因為缺水，這裏的景象應該與世界上其他地區差不多。

地球上另一個著名的沙漠，是位於亞洲的戈壁沙漠，也就是蒙古和中國內蒙古一帶。這裏曾挖掘出很多恐龍化石，甚至有完好無損的恐龍骨架。

現時，地球上有不少地區正遭受沙漠化的威脅，當中包括西班牙南部薩阿拉鎮所在的安達盧地區。

通常大家印象中的沙漠都是個非常炎熱的地方，事實上，沙漠也可以很寒冷，還有終年不化的冰覆蓋着。

熱沙漠
冷沙漠
凍原

戈壁沙漠

撒哈拉沙漠

　　「熱沙漠」位於低緯度地區，氣溫偏高，例如非洲的撒哈拉沙漠；而「冷沙漠」位於中緯度地區，氣溫較低，例如美洲、歐洲和亞洲的北部就有「冷沙漠」。而在接近北極的極地地區，還能找到凍原（又叫苔原），那裏的土壤結冰，氣候嚴寒，降雨量少，很少種類的植物和動物能在那裏生長。

貓頭鷹告訴你

　　荒漠不是地球獨有的地貌，例如在月球，這裏就被一片淺灰色的不毛之地覆蓋着，當中還有些火山口和小山丘冒起來。而火星就像是遭受過沙塵暴吹襲，到處都是石子和淺紅色的礫石，而且溫差極大，可以説是一顆沙漠星球。

沙丘是一道甚具沙漠特色的風景線，它們是由沙子堆砌而成的波浪狀山丘。岩石中的鹽分在乾燥的環境下形成結晶，使岩石崩碎形成的沙子在太陽下閃閃發亮。

沙丘從來都不是靜止的，只要風不停地吹，沙丘就不停地起着變化。要是有一顆種子在這裏生了根，沙子上長出了植物，植物的根部能抓緊沙土，在一定程度上有助阻止沙丘的流動。

說到這裏，沙丘是如何形成的呢？

首先，必須有一個障礙物，例如一塊矮石或一棵結實的灌木（又或是你放在沙漠地上的書包），能夠阻擋住被風吹動起來的沙粒，並讓沙粒在這裏堆積起來，形成沙丘的核心。接着，沙粒堆積得越來越多，慢慢會形成一座新月形的小沙丘。如果將沙丘一分為二，我們能看到裏面的沙粒層層覆蓋，好像千層蛋糕一樣。

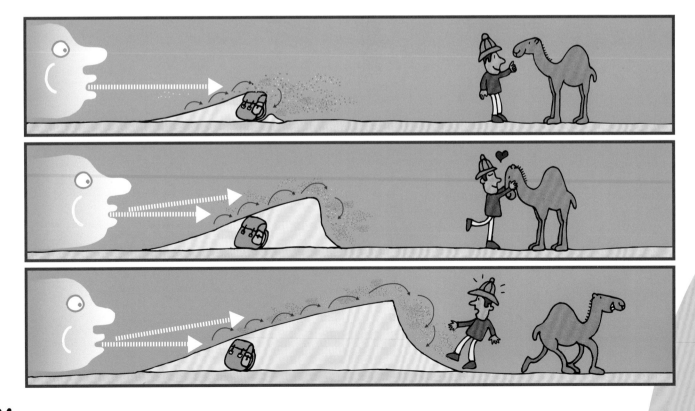

貓頭鷹告訴你

意大利也有沙丘，但不是在沙漠裏，而是在海岸上，這些沙丘叫做「海岸沙丘」。例如意大利薩丁尼亞島上的皮西納斯沙丘，那裏的沙子是金色的，在太陽底下閃閃發光。

一般人認為沙漠裏並沒有生命存在，其實這裏有昆蟲類，例如蠍子和蜣螂（粵音薑郎），又有爬行動物，例如蜥蜴和蛇，還有鳥類和小型的齧（粵音熱）齒動物，例如長耳跳鼠。

蠍子

　　有時，在沙漠中行走的人會目睹一個非常神奇的現象 —— 海市蜃樓，他們以為自己看到前面不遠處有一個綠洲，但那些景物並不是真實存在的。

　　沙漠中真正的奇跡要屬沙漠綠洲。在這小小的一片區域內，從地底下冒出來的地下水源使這裏的植物充滿生機。不過，綠洲不完全是天然的，也有經過人類加工改造而成的，例如人們在沙漠找到水源後，鑿井取水，並在這個地區種植許多水果和農作物，把它變成的真正花園。

　　可是，要在沙漠中生活並不容易，只有少數人能忍受這樣惡劣的環境，就像圖阿雷格人。他們是生活在撒哈拉沙漠周邊地區的遊牧民族，飼養牛、羊、駱駝等。男性的圖阿雷格人常穿藍色的服裝，將自己從頭到腳包裹起來，又戴上藍色面紗，因而有「藍人」的稱號。

駱駝

陪着圖阿雷格人穿越沙漠的動物是駱駝。牠們的胃裏面有很多儲水的囊，背上的駝峯裏能儲存脂肪，以供身體所需。牠們還能忍受高溫，厚厚的毛髮還有助阻擋太陽光線，所以牠們能適應沙漠的環境。

貓頭鷹告訴你

乾谷是沙漠中的河流，但是水流很不穩定，有時乾得連一滴水也沒有，偶爾才會有水。每次乾谷裏出現水的時候，總是來勢洶洶的，不過這些水很快又會消失在乾涸的沙漠土壤裏了。

現在就讓我們回顧一下有關沙漠的知識吧！你懂得回答以下的問題嗎？說説看。

沙漠是怎麼形成的？

它是什麼樣子的？

地球上最大的沙漠是在哪裏？

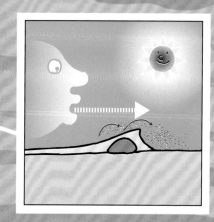

沙丘是如何形成的？

誰在沙漠中生活？

沙漠裏有植物和水果嗎？

沙漠化 指長有植物的地區漸漸變得乾旱，土地變得不適宜植物生長，並多被沙石覆蓋。

凍原 在高緯度地區的平原，氣候寒冷，土壤結冰，多只有苔蘚和地衣生長。融冰時，只是很薄的表面土壤有冰融化，較深的地底土壤仍然結冰。

結晶 物質在液體或氣體中，形成像水晶一樣的固體。例如鹽水蒸發後，在鍋底留下鹽的晶體。

海市蜃樓 一種發生在乾燥地表或寬闊海面上的光學現象。在陽光照射下，物體的影像會反射到它並不真實存在的地方，讓人在視覺上產生錯覺。

遊牧民族 這種民族不在一個固定的地方居住，而是隨着四周可以餵養牲畜的水草情況而不斷遷徙。除了飼養動物，他們也會打獵。

駱駝 哺乳動物，身體高大，頸長而彎曲，背上有駝峯，可分為單峯和雙峯兩種。駱駝的蹄子寬厚、多毛，因此它們走在滾燙的沙子上，也不怕被燙傷。

地震

　　很久以前，人們還不知道地震是如何產生的，每當大地震動時，他們就會將責任歸咎於某個神秘人物或者怪物。

　　在地震頻繁出現的日本，人們曾以為，是一條巨大的鯰魚在地下猛烈地搖動尾巴，才會造成天搖地動、房屋倒塌的。傳說有一位神靈能阻止鯰魚作惡，他拿起一塊石頭砸在鯰魚頭上，將牠驅趕到深水中，從而平息地震；也有說是神仙把大石頭壓在鯰魚身上，使牠不能動彈。

　　時至今日，地震依然有機會造成嚴重的破壞，令人聞之色變。你知道地震的成因嗎？地震發生時，應該怎樣保護自己？我們一起去了解一下吧！

我們好像感覺不到地殼在動，其實地殼無時無刻都在緩慢地活動着，並把壓力施加在岩石身上，使岩石持續升高和移動。幸好，岩石具有一定的抗壓能力。地底的岩石在壓力之下積聚了能量，直到壓力超過它能忍受的程度時，岩石就會斷裂，釋放積聚的能量。

　　如果將一根木棒慢慢地折斷，你會發現，木棒會彎曲得越來越厲害，最終斷成兩截。地底下的岩石也是這樣的——竭盡所能頂住壓力，到頂不住的時候就會斷裂。

　　地底的岩石斷裂後，會沿着斷裂的地方出現較明顯的位置移動，形成斷層。岩石斷裂使原本積聚在岩石裏的能量釋放出來，這就是地震的起源，這個地方叫做「震源」。從震源釋放出來的能量向四周擴散，使地殼震動，這些波浪式的震動就叫做「地震波」。

地震發生時，「震央」是震動得最猛烈的地方，也就是從震源垂直伸延到地面上的位置，又叫做「震中」。

一般來說，地震發生的時間可以持續幾秒以至幾十秒，但就是在這短暫的時間內，強烈地震的威力足以摧毀大片地區。

試想像在地震發生時，如果每過一秒，牆上就多一道裂縫，而且吊燈來回晃動，窗戶劈啪作響，那情況真令人害怕！

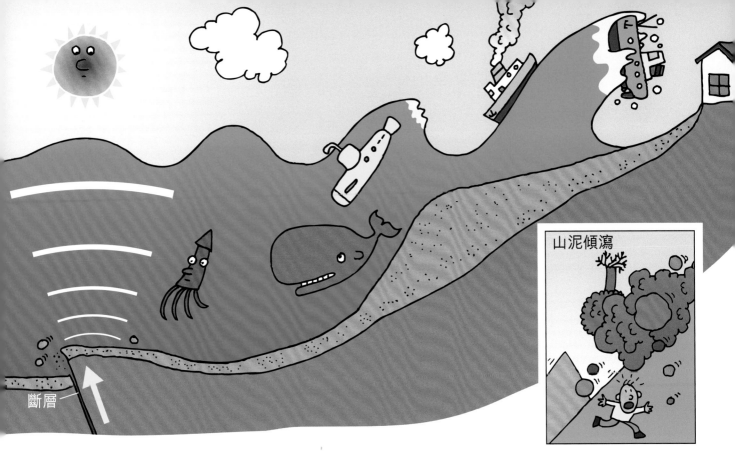

斷層

山泥傾瀉

　　在不同的地方，地震帶來的影響也不同。

　　如果地震發生在海底，有機會引發海嘯。幾米以至幾十米高的巨浪打到沿海地區上，可以嚴重破壞港口和城市建設。2004年12月26日，印尼蘇門答臘附近的海底發生強烈地震，更引發海嘯，海浪高達三十多米，對多個國家和地區帶來巨大的破壞和嚴重的傷亡，人們稱這次災難為「南亞海嘯」。

　　如果地震發生在山上，可能會使岩石和土壤快速下跌，引發山泥傾瀉（又叫山崩）。山泥傾瀉可以比地震本身帶來更為嚴重的破壞。

　　地震有時會非常強烈，有時則很微弱，讓人幾乎察覺不到。為了測量地震的能量強度，人們發明了地震儀。現代的地震儀能夠記錄和監察地震波的情況和出現的時間，發生地震時，地震儀會在紙上畫出一串忽高忽低的曲線，這樣的圖表叫做震波圖。

「修訂麥加利地震烈度表」是用來評估一次地震所帶來的破壞的，分為1至12級。這是以建築物、自然環境和人類受地震影響的情況來判斷的，而不是以地震本身的強度來劃分等級。有時地震的震級可能很高，但麥加利地震烈度並不高，就是因為地震帶來的破壞並不大。

從震波圖上可以讀到地震的強度，根據這些資料，可以定出黎克特制地震震級，也就是劃分出地震的強度等級。計算地震等級的方法有好幾種，所以同一次地震，不同地方的天文台計算出來的地震等級會有差異。

一般來說，黎克特制2.5級或以下的地震，人們大多感覺不到，而地震達到黎克特制3級的話，室內的物件會出現搖晃，人們也較容易感覺到。要注意的是，兩個等級之間的能量可以相差32倍！

手提式地震儀

正在記錄垂直震盪的地震儀

正在記錄水平震盪的地震儀

較常發生地震的區域

　　世界上有一些地方設立了地震觀察站，這裏有精密的地震儀，24小時不間斷地在大型的紙卷上記錄地球的大小震動。然而，這樣還不能幫助科學家們準確地預測，下一次地震將會在哪年、哪月、哪天甚至哪一分鐘發生。雖然地震是這樣難以預測，但是我們能夠根據過往的紀錄，估計地震可能會在哪些區域發生，特別是在經常發生地震的區域。

　　事實上，並非地球上所有地區都會發生地震，有些地方會較常發生地震（例如中美洲、中國、菲律賓、加利福尼亞、日本、土耳其和意大利等等），也有些地區很少發生地震（例如中非地區、新加坡、捷克的布拉格等等）。

　　即使在那些地震頻生的「高危」國家裏，也不是所有地區都會發生地震的。就像在中國，上海在有歷史紀錄以來只發生過一次破壞性地震（1624年發生約4.7級地震），而四川省則是經常發生地震的地區。

貓頭鷹告訴你

　　1908年12月，意大利西西里島和卡拉布里亞大區之間的海底發生強烈地震，震級達黎克特制7.5級，使鄰近的雷焦卡拉布里亞、墨西拿、西西里島等地區的許多村莊夷為平地，死亡人數超過十萬人。這次地震還引發了海嘯，進一步加重了對當地的破壞。這是意大利，乃至世界歷史上破壞最嚴重的地震之一。

我們無法準確預測下次地震何時來襲，那我們該如何自我保護呢？首先，必須建造有抵禦地震能力的房屋，也就是抗震建築，以防止房屋在地震中損壞或倒塌。因為在地震中使人們受傷的未必是地表的震動，而是那些不符合抗震標準、隨時可能倒塌的房屋！

　　所以，建造樓房時，不僅外牆與外牆之間要嚴密縫合，外牆還必須與地面和屋頂緊密相連。否則，就像紙牌屋一樣，紙牌和紙牌之間並沒有緊密連在一起，只要桌子稍稍一搖，紙牌屋很快便倒塌了。

　　此外，學習如何在緊急情況下自保和自救也非常重要。例如在地震發生時，從樓梯逃生是一個非常不可行的做法，因為出口可能被倒下來的物品堵塞了！而坐電梯逃生就更糟糕了，因為地震時可能會停電，那麼你就會被困在電梯裏了！

　　地震發生時，留在家中比逃到馬路上安全多了。在馬路上，你可能會被建築物掉下來的屋簷碎片、磚頭、玻璃碎等東西砸中。而在家中，你可以躲在結實的桌子或牀底下，這些堅固的家具可以幫你擋掉一些掉下來的東西。如果情況許可，你可以去廁所或者冰箱附近，就算不幸被困，也可以有水和食物維生。還有一點很重要，就是要保持鎮定！

貓頭鷹告訴你

　　在一些經常發生地震的國家和地區，人們都會通過有計劃的演習活動，來學習應付地震的方法。在日本，每年的9月1日是當地的「防災日」，各地都會舉辦大型的防災演習，而學校也會定期舉行防災演習。此外，日本人不但準備好公共應急物資，很多日本家庭還準備了避難時要帶走的「應急包」，裏面有食物、水、生活用品等等。

現在就讓我們回顧一下有關地震的知識吧！你懂得回答以下的問題嗎？說說看。

地震是如何形成的？

地震大多在哪裏發生？

地震會造成哪些破壞？

如果地震發生在海底，會
怎樣呢？

如何測量地震的能量？

發生地震時，我們應該怎
樣做？

詞彙解釋

斷層　岩層上的裂縫。由於地球的內部運動使岩層斷裂，並沿斷裂面移動，過程中可引發地震。

震源　地震的起源，多指在地球內部發生震動的地方。根據震源在地底的深度，可以把地震分為淺層地震、中層地震和深層地震。

地震波　地震發生時，從地震源頭向四周擴散的震動波，就像往湖裏扔一塊石子而泛起一圈圈水波那樣。

地震儀　在這種裝置中多有一塊吊起的重物，並在重物上綁一支筆尖，當地震來襲時，重物在慣性作用下保持不動，但桌子和儀器都因而地震而震動，於是重物上的筆能根據地震的情況，畫出V形的線，從而記錄地震波的情況。

震波圖　記載着地震中每一次震動的V字形曲線圖。V字越大，表示地震越劇烈。

黎克特制地震震級　根據地震儀測量到的地震強度和地震波出現的時間，分出不同的地震強度等級。它是由美國地震學家查理斯·弗朗西斯·黎克特率先提出來的，因而得名。